독자의 1초를 아껴주는 정성!

세상이 아무리 바쁘게 돌아가더라도
책까지 아무렇게나 빨리 만들 수는 없습니다.
인스턴트 식품 같은 책보다는
오래 익힌 술이나 장맛이 밴 책을 만들고 싶습니다.

길벗은 독자 여러분이
가장 쉽게, 가장 빨리 배울 수 있는 책을
한 권 한 권 정성을 다해 만들겠습니다.

독자의 1초를 아껴주는
정성을 만나보십시오.

· ·

미리 책을 읽고 따라해본 2만 베타테스터 여러분과
무따기 체험단, 길벗스쿨 엄마 2% 기획단,
시나공 평가단, 토익 배틀, 대학생 기자단까지!
믿을 수 있는 책을 함께 만들어주신 독자 여러분께 감사드립니다.

홈페이지의 '독자마당'에 오시면 책을 함께 만들 수 있습니다.

(주)도서출판 길벗 www.gilbut.co.kr
길벗 이지톡 www.eztok.co.kr
길벗스쿨 www.gilbutschool.co.kr

선 세 개로 시작하는

펠트보이의 참 쉬운
그리기놀이

최재광 지음

길벗

단계별
목차

 미리 알면 좋아요

난이도 1단계

우산 p.44

 우리 집 p.45

 여자아이 p.46

 남자아이 p.47

 쥐 p.48

 오리 p.49

 선물상자 p.50

 공 p.51

 물고기 p.52

 당근 p.53

 티셔츠 p.54

 안경 p.55

 돛단배 p.56

 경찰차 p.57

 나무 p.58

 꽃 p.59

난이도 2단계

 강아지 p.62

 고양이 p.63

 수박 p.64

 딸기 p.65

 돼지 p.66

 곰 p.67

 눈사람 p.68

 나비 p.69

 소 p.70

 새 p.71

 열기구 p.72

 모자 p.73

 고래 p.74

 거북이 p.75

아이스크림 p.76 막대사탕 p.77 조각케이크 p.78 토마토 p.79 다람쥐 p.80 오징어 p.81 토끼 p.82

호랑이 p.83 비행접시 p.84 로켓 p.85 우리 엄마 p.86 우리 아빠 p.87 연필 p.88 똥 p.89

튤립 p.90 무궁화 p.91 자전거 p.92 버스 p.93 버섯 p.94 밤 p.95 주전자 p.96

화분 p.97 고층 건물 p.98 트럭 p.99 개구리 p.100 악어 p.101 거미 p.102 애벌레 p.103

난이도 3단계

밥 p.106 로봇 p.107 달 p.108 부엉이 p.109 코알라 p.110 무당벌레 p.111 젖병 p.112

4

주제별
목차

가나다순
목차

선 그리기

점을 이어서 선을 그리는 것부터 시작해요. 엄마가 스케치북에 점을 찍어주고 아이에게 선 긋기 연습을 하게 하면 좋아요. 어린아이들은 연필을 쥐는 힘이 약해서 선을 똑바로 그리지 못해요. 선이 삐뚤삐뚤하더라도 칭찬하고 격려해주면 점점 좋아진답니다.

이 책의 활용법을 같이 알아볼까요?

도형 그리기

이번에는 엄마가 도형 모양으로 점을 찍어주고 아이에게 점을 잇게 해서 도형을 그려요. 원은 곡선이라 쉽지 않을 수 있어요.
그림처럼 동그란 모양에 맞춰 점을 많이 찍어주면 그리기가 더욱 쉽겠죠?

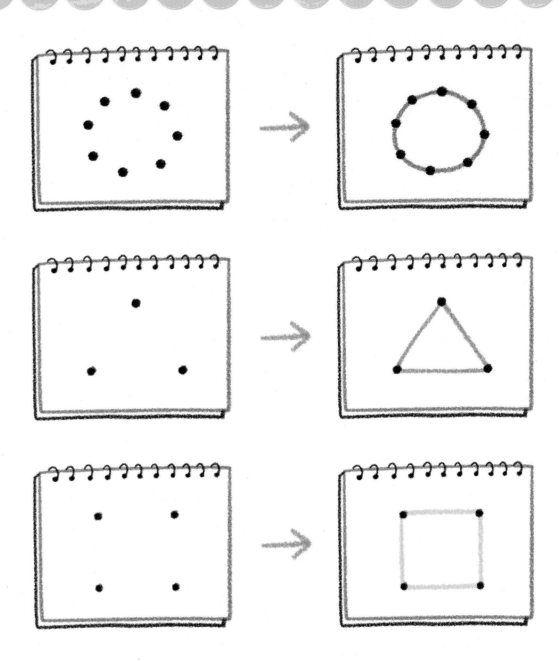

도형 응용하기

도형으로 그림을 그려요. 동그라미는 사과가, 세모는 모자가, 네모는 선물 상자가 돼요. 생각보다 많은 것들이 동그라미, 세모, 네모를 기본으로 하고 있어요. 이 책에서는 우리 주위의 다양한 모양들을 도형으로 그리는 방법을 알려줍니다.

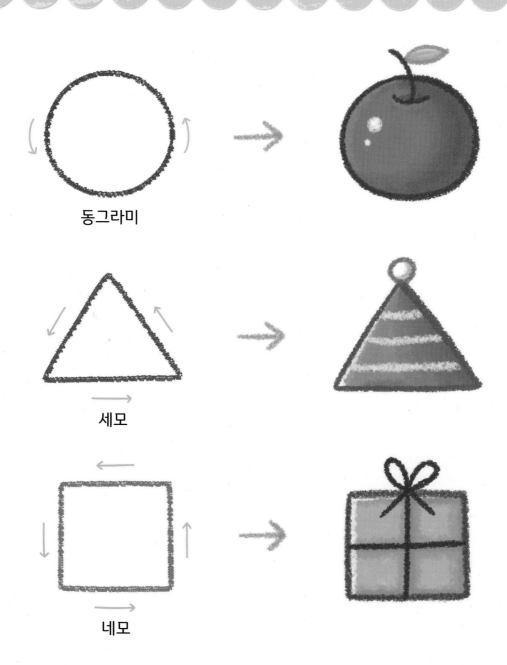

동그라미

세모

네모

도형 다르게 그리기

도형은 조금만 다르게 그려도 다채로운 느낌이 나요. 기본 동그라미, 세모, 네모를 아래 그림처럼 살짝 비틀어볼까요?

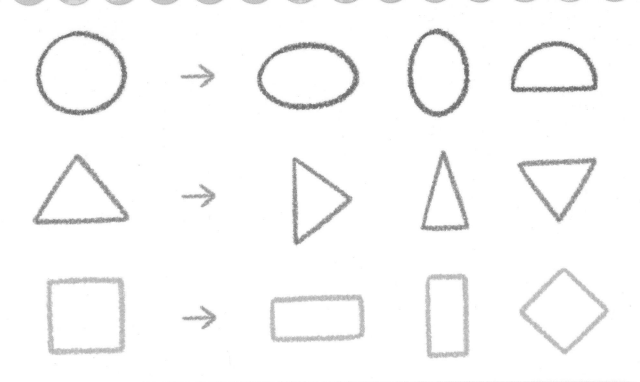

표정 넣기

그림 안에 표정을 넣으면 그림이 훨씬 재미있고 귀여워져요. 남들과 다른 그림을 그리고 싶다면 음식이나 사물에 표정을 넣어보세요. 점으로 눈을 표현하고 입 모양만 바꿔도 표정이 달라진답니다.

쓱싹쓱싹
쉽게 그리는
1
단계

사과 같은 내 얼굴 사과

✏️ 그려볼까요!

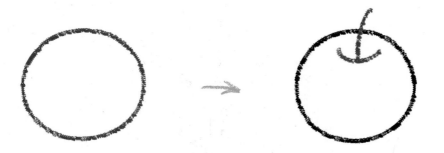

엄마가
알려주세요

처음으로 그려보는 동그라미!
아이가 동그라미 그리기를 어려
워하면 점부터 시작해서 점점 크
게 그리는 연습을 시켜주세요.

세모

동그
라미

사물

그려볼까요!

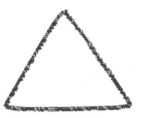 

엄마가
알려주세요

이번에는 세모입니다. 엄마가
세 꼭짓점을 찍어주고 아이에게
잇게 하면 좋답니다.

17

그려볼까요!

엄마가
알려주세요

첫 네모입니다. 세모를 그렸으
면 네모도 할 수 있어요! 네모
위에 반원 모양 손잡이만 그려
주면 가방이 완성됩니다.

팔랑팔랑 나비를 닮은 리본

그려볼까요!

엄마가
알려주세요

세모 두 개면 리본 그리기는
끝! 두 개의 세모 모양이 달라
도 잘했다고 칭찬해주세요.

째깍째깍 잘도 가요 **시계**

그려볼까요!

 →

**엄마가
알려주세요**

시곗바늘은 두 개로 하되 시간
은 자유롭게 그리도록 해주세
요. 시간의 개념을 간단히 설
명해주어도 좋겠죠?

네모

세모

사물

그려볼까요!

네모 위에 세모를 그리면 편지가 짠! 네모와 세모가 뭔지 다시 한 번 알려주세요.

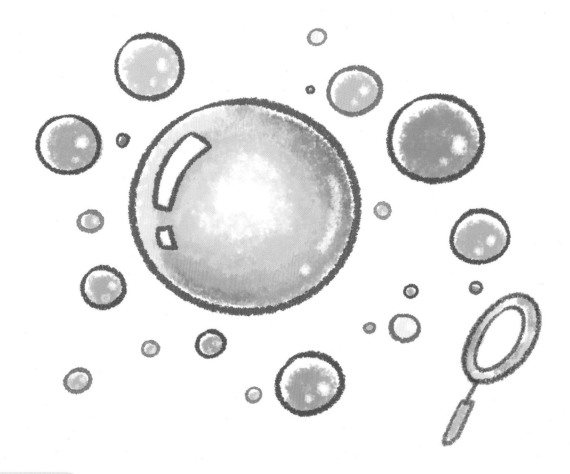

그려볼까요!

**엄마가
알려주세요**

비눗방울을 그린 후에 여러 가
지 색으로 칠하게 해주면 더
좋아요.

읽으면 훌륭한 어른이 돼요 책

네모

사물

✏️ 그려볼까요!

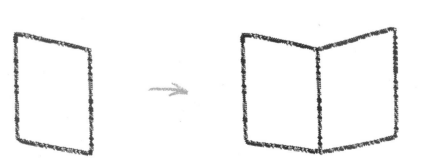

엄마가 알려주세요

네모를 약간 비스듬히 그리
면 책의 꼴이 나와요. 사소하
지만 알아두면 좋은 꿀팁이랍
니다.

둥근 해가 떴습니다 해

동그라미

자연

그려볼까요!

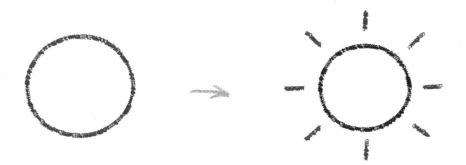

엄마가
알려주세요

해는 동그라미 하나만 그리면
끝이죠. 동그라미 주위에 그
리는 짧은 선들은 빛을 표현한
것이라고 이야기해주세요.

24

반짝반짝 작은 **별**

/ 그려볼까요!

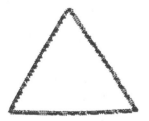 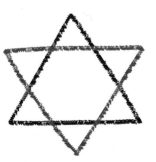

엄마가 알려주세요

세모 두 개를 거꾸로 겹쳐 그리면 별이 됩니다. 크기가 다른 별들을 그려서 큰 별, 작은 별이 있다는 것을 알려주세요.

그려볼까요!

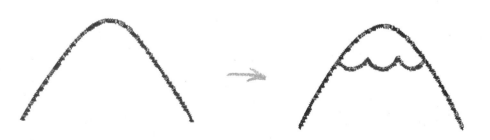

엄마가
알려주세요

이제부터는 도형과 닮았지만
완벽한 도형은 아닌 선이 등장
합니다. 겁먹지 않고 차분히
따라할 수 있게 격려해주세요.

모이면 바다가 되는 **물방울**

곡선
응용

자연

그려볼까요!

27

고소달콤 맛있는 빵

곡선
응용

음식

✏️ 그려볼까요!

28

입 안에 쏘옥, 달콤한 사탕

동그
라미

세모

음식

그려볼까요!

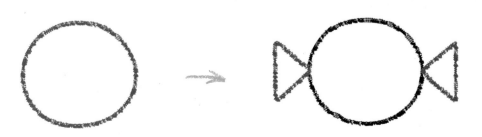

엄마가 알려주세요

동그란 사탕 그리기에 익숙해 지면 다양한 모양의 사탕을 그릴 수 있도록 해주세요. 동그라미를 양옆으로 길게 그리면 기다란 사탕이 된답니다.

29

곡선
응용

사물

그려볼까요!

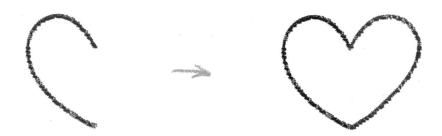

곡선
응용

자연

✏️ 그려볼까요!

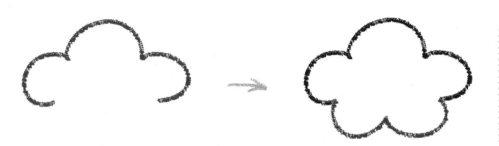

👩 엄마가
알려주세요

몇 번 그려보고 익숙해지면 한
번에 이어서 그리도록 하는 것
도 좋아요.

반짝반짝 눈이 부셔 빛

그려볼까요!

우르릉 쾅쾅 무서운 번개

그려볼까요!

냠냠 영양 만점 **달걀부침**

동그라미

음식

✏️ 그려볼까요!

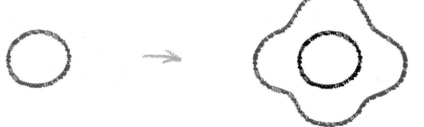

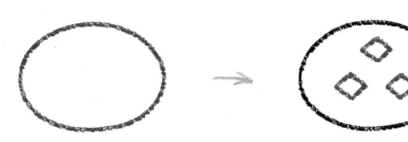
그려볼까요!

엄마가
알려주세요

아이가 비스듬한 네모 모양
의 초콜릿을 그리기 어려워
하면 굵은 점으로 그리게 해주
세요.

불면 구멍이 뚫려요 솜사탕

그려볼까요!

터지면 깜짝 놀라요 풍선

그려볼까요!

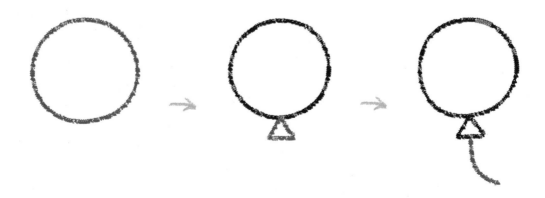

가운데에 구멍이 있어요 도넛

동그
라미

음식

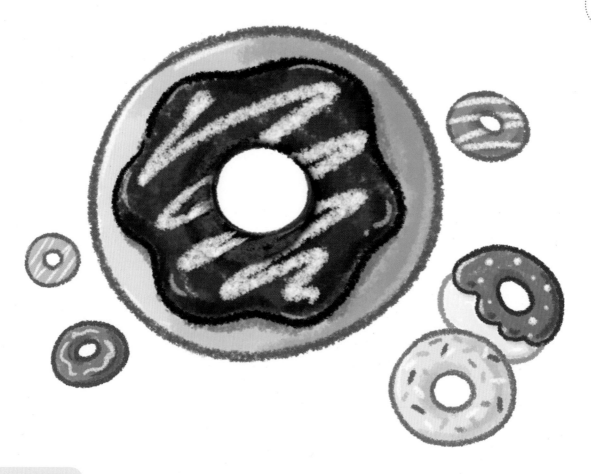

그려볼까요!

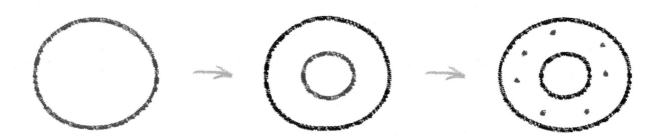

꿀꺽꿀꺽 물을 마셔요 컵

그려볼까요!

엄마가 알려주세요

네모 하나와 반원 두 개면 컵이 완성돼요. 안쪽에 얼굴을 넣어주면 한층 귀여운 컵이 탄생한답니다.

우리 아기 까꿍 아기

그려볼까요!

엄마가
알려주세요

처음으로 얼굴 그리기에 도전
합니다. 얼굴 그리는 법은 13
쪽 '표정 넣기'를 참고하세요.

그려볼까요!

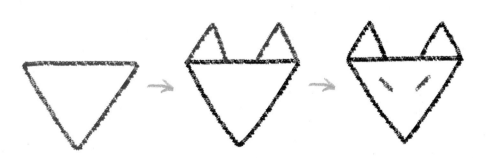

엄마가
알려주세요

길게 쭉 찢어진 눈이 포인트예
요. 꼬리를 아홉 개 그리면 구
미호가 되지요.

꿀맛 나는 시원한 배

그려볼까요!

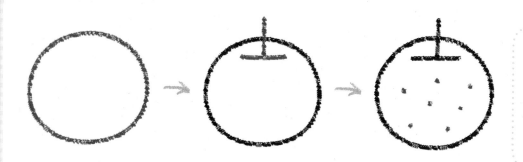

사과와 비슷하게 생겼지만 배 의 표면에는 점이 있어요. 빛 깔을 강조하고 싶다면 색칠도 해주세요.

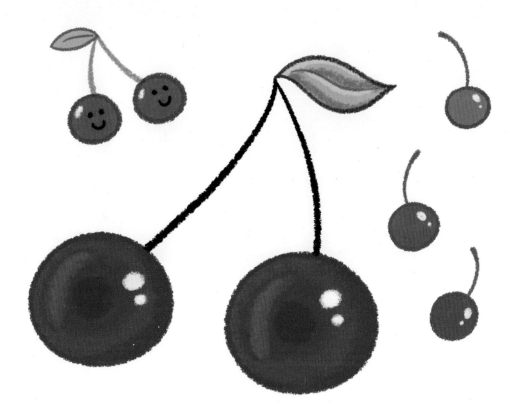

그려볼까요!

그려볼까요!

엄마가
알려주세요

반원을 이용한 그리기예요. 아이에게 원과 반원의 개념을 알려주세요.

44

온 가족이 모이는 우리 집

네모
세모
건물

그려볼까요!

엄마가 알려주세요

집을 크게 그려서 기다란 네모 모양의 문도 그리게 해주면 더욱 집 같겠죠?

양 갈래 머리 여자아이

그려볼까요!

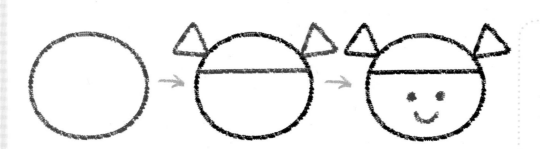

엄마가
알려주세요

여자아이 얼굴은 동그라미를
활용해 그렸어요. 양쪽으로
묶음 머리를 그려주면 좋아요.

씩씩하고 활기찬 남자아이

그려볼까요!

엄마가
알려주세요

남자아이 얼굴은 네모를 활용
해 그렸어요. 안테나를 닮은
귀여운 잔머리까지 그려주면
완성!

원조 미키 마우스 쥐

세모
동그라미
동물

그려볼까요!

꽥꽥 물에서 놀아요 오리

동그
라미

동물

그려볼까요!

무엇이 들어 있을까? 선물상자

그려볼까요!

손으로 던지고 발로 차는 공

✏️ 그려볼까요!

엄마가
알려주세요

축구공, 야구공 등 다양한 모양
의 공을 그려보면 더욱 재미있
어요.

물속에서 헤엄쳐요 물고기

동그
라미

세모

바다
생물

그려볼까요!

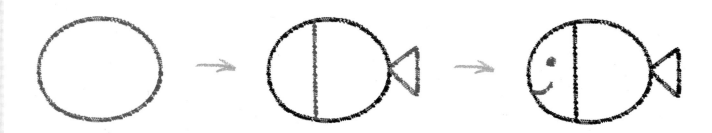

토끼가 좋아해요 당근

세모

채소

그려볼까요!

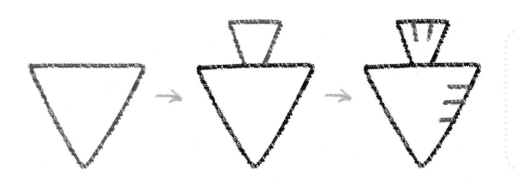

엄마가 알려주세요

거꾸로 된 삼각형을 그리고 짧은 선으로 채소 잎과 주름을 표현해주세요.

53

그려볼까요!

쓰면 잘 보여요 안경

그려볼까요!

먼바다를 항해하는 돛단배

네모
세모
탈것

그려볼까요!

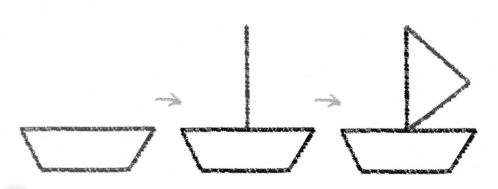

엄마가
알려주세요

배의 몸통은 네모이지만 위가
길고 아래가 짧아요. 엄마가
꼭짓점을 찍어주고 아이에게
선을 연결하게 하면 쉽게 그릴
수 있어요.

나쁜 사람 잡아가는 **경찰차**

네모

탈것

그려볼까요!

그늘을 만들어줘요 나무

그려볼까요!

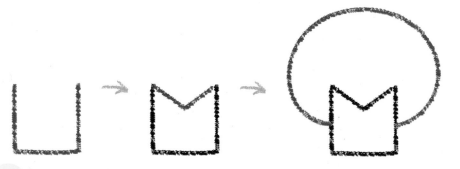

엄마가 알려주세요

윗부분만 세모 모양으로 뺀 네모를 그리면 나무의 몸통이 돼요. 윗부분의 세모는 나뭇 가지처럼 표현됩니다.

예쁘고 향기도 좋아요 꽃

동그
라미
자연

그려볼까요!

59

야무지게
그리는
2
단계

우리 집을 지켜줘요 강아지

✏️ 그려볼까요!

생선을 좋아해요 고양이

그려볼까요!

엄마가
알려주세요

반원으로 얼굴을, 삼각형 두 개로 귀를 그려주고 고양이 특유의 귀여운 입은 곡선을 응용해 그려주세요. 눈은 점으로 표현해도 좋아요.

시원하고 달콤한 맛 수박

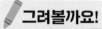 그려볼까요!

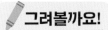 **그려볼까요!**

꿀꿀 밥 주세요 돼지

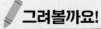 그려볼까요!

귀엽지만 힘이 세요 곰

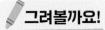

그려볼까요!

동그
라미

사물

그려볼까요!

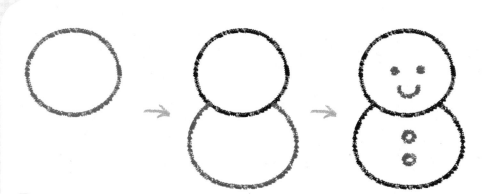

엄마가
알려주세요

눈사람에 팔과 다리, 모자를
그려 넣으면 더욱 재미있어요.

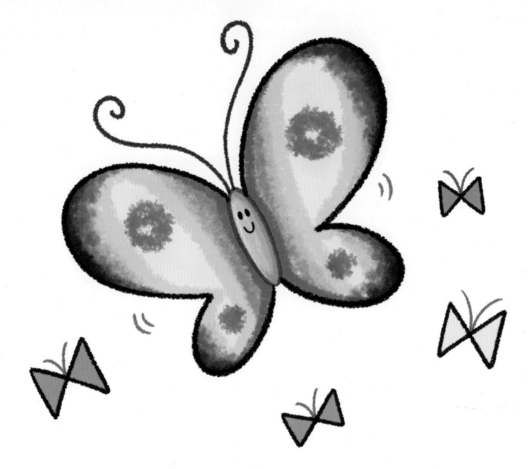

그려볼까요!

19쪽에서 그렸던 리본 모양에 더듬이와 무늬를 그려주면 나비 완성!

송아지 송아지 얼룩송아지 소

 그려볼까요!

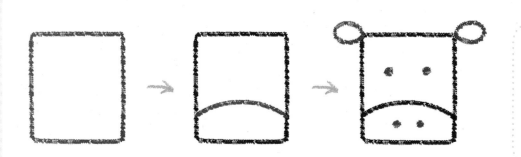

엄마가
알려주세요

세로로 약간 긴 네모를 그리고
눈, 코, 귀를 그려주면 완성!

그려볼까요!

와! 세상이 다 보여요 열기구

그려볼까요!

뜨거운 햇빛을 막아줘요 모자

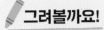
그려볼까요!

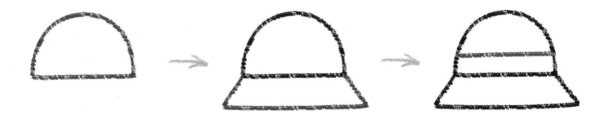

바다에서 제일 커요 고래

🖍️ 그려볼까요!

엄마가
알려주세요

그림을 그리면서 고래는 머리
위쪽에 달린 코로 물을 뿜는
다는 이야기도 해주면 재미있
겠죠?

빠른 토끼를 이겼어요 거북이

 그려볼까요!

 엄마가
알려주세요

거북이를 그리며 토끼와 거북
이의 경주 이야기를 아이에게
들려주면 어떨까요? 토끼 그
리기는 82쪽을 참고하세요.

75

차갑고 달콤한 아이스크림

🖍 그려볼까요!

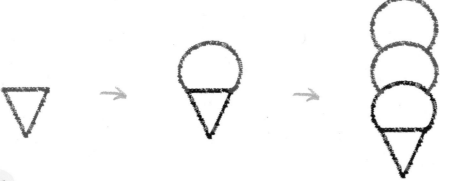

엄마가
알려주세요

세모 모양의 콘을 먼저 그리고
위에 동그란 아이스크림을 그
려요. 소프트 아이스크림처럼
구름 모양으로 그려도 예뻐요.

그려볼까요!

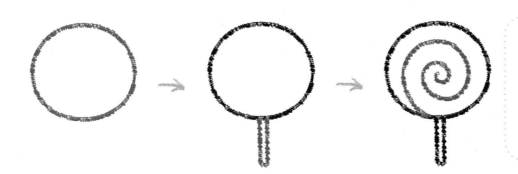

아이가 회오리 모양을 잘 못 그
리더라도 잘 그렸다고 칭찬해주
세요. 사탕 안에 다른 모양을 그
려넣어도 좋아요.

한 조각씩 먹는 조각케이크

그려볼까요!

영양 듬뿍 빠알간 토마토

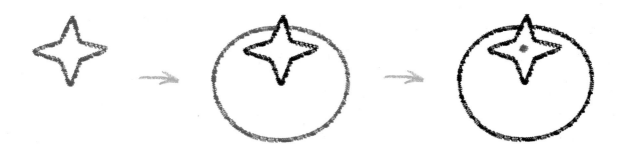

그려볼까요!

그려볼까요!

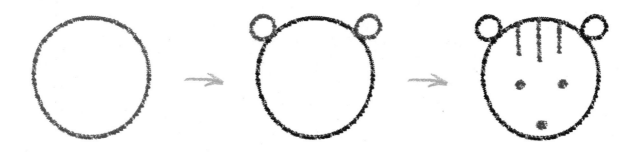

세모

바다
생물

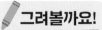 그려볼까요!

귀가 정말 큰 토끼

✏️ 그려볼까요!

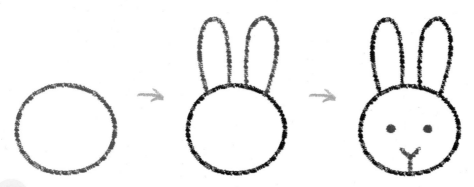

👩 엄마가
알려주세요

토끼는 큰 귀가 포인트예요.
귀를 크게 그리도록 도와주
세요.

어흥~ 무섭지? 호랑이

그려볼까요!

외계인은 내 친구 비행접시

그려볼까요!

엄마가
알려주세요

아이가 그린 비행접시 안에 외
계인을 그려넣어주면 더 재미
있는 그림이 되겠죠?

달나라로 여행 갈까? 로켓

네모

세모

탈것

그려볼까요!

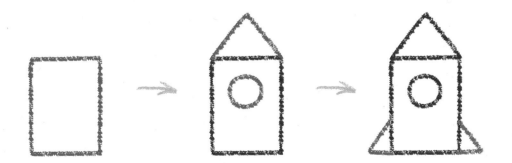

✏️ 그려볼까요!

엄마가
알려주세요

사람을 그릴 때는 눈 사이의
간격을 어릴수록 좁게, 어른일
수록 멀게 그려주면 좋아요.

그려볼까요!

엄마가
알려주세요

아빠 얼굴은 남자아이처럼 네모 모양이지만 단정히 가르마를 탔어요. 더 차이 나게 표현하고 싶으면 입 옆에 주름살을 그려요.

네모

세모

사물

그려볼까요!

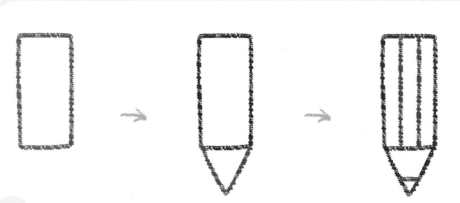

엄마가
알려주세요

아이가 사각형을 세로로 길게
그리도록 해주세요. 길게 그릴
수록 점점 더 실제 연필에 가
까워져요.

88

이름만 들어도 재밌어요 똥

그려볼까요!

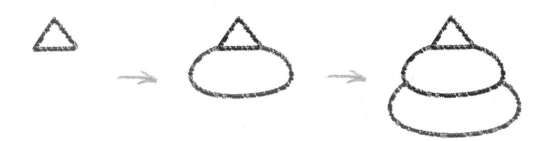

꽃봉오리처럼 생겼어요 튤립

그려볼까요!

우리나라 꽃 무궁화

곡선
응용

자연

그려볼까요!

그려볼까요!

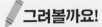
그려볼까요!

그려볼까요!

95

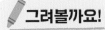

그려볼까요!

**엄마가
알려주세요**

윗부분이 삼각형 모양이에요.
특징을 살려서 그리도록 설명
해주세요.

 그려볼까요!

새싹이 나왔어요 화분

네모

사물

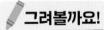

그려볼까요!

사람이 많이 사는 고층 건물

그려볼까요!

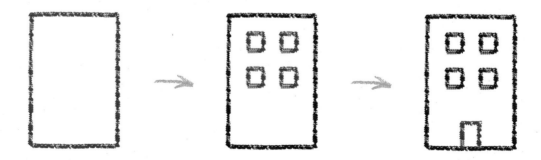

짐을 한가득 싣는 트럭

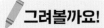 **그려볼까요!**

엄마가 알려주세요

트럭은 뒷바퀴가 두 쌍이에요. 무거운 짐을 실어서 뒷바퀴가 두 쌍이라고 이야기해주세요.

동그
라미

동물

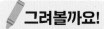
그려볼까요!

한입에 콱! 입이 큰 악어

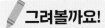 그려볼까요!

그려볼까요!

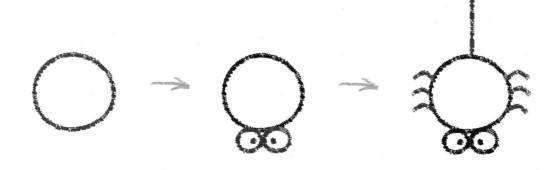

꼬물꼬물 기어다녀요 애벌레

그려볼까요!

애벌레는 얼굴 부분의 동그라
미를 몸통보다 약간 크게 그려
주세요.

꼬마화가
탄생

3

단계

그려볼까요!

올록볼록한 밥 모양이 예쁘게
그려지지 않아도 잘 그렸다고
칭찬해주세요.

우리의 친구 로봇

네모

사물

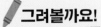 그려볼까요!

곡선
응용

자연

🖍️ 그려볼까요!

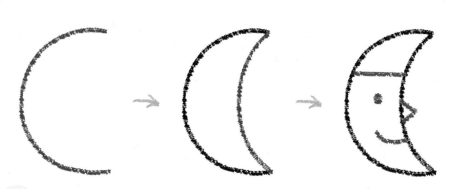

엄마가
알려주세요

보름달은 동그라미에 눈코입
을 그려주면 되겠죠? 달의 크
기가 변한다는 것도 알려주
세요.

밤에 나는 새 부엉이

동그
라미

동물

✏️ 그려볼까요!

호주에 많이 살아요 **코알라**

그려볼까요!

✏️ 그려볼까요!

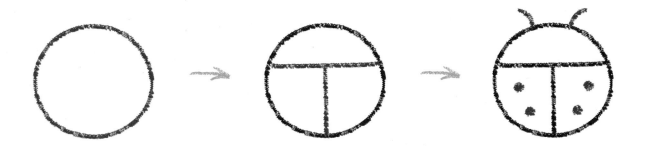

✏️ **그려볼까요!**

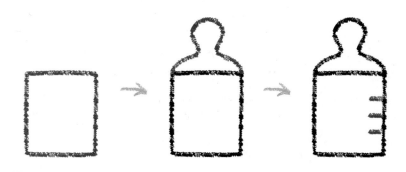

🌼 **엄마가 알려주세요**

젖꼭지의 곡선은 많은 연습이 필요해요. 엄마와 함께 차근히 연습하도록 해주세요. 아이의 손을 쥐고 같이 그리면 도움이 돼요.

직선
응용

사물

✏️ 그려볼까요!

예쁜 공주가 될 테야 공주

🖍 그려볼까요!

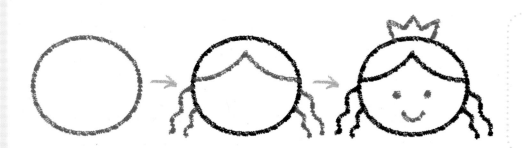

엄마가
알려 주세요

113쪽에서 그린 왕관을 여자
아이 머리 위에 씌우면 공주가
돼요.

멋있는 왕자가 될 테야 **왕자**

🖍 그려볼까요!

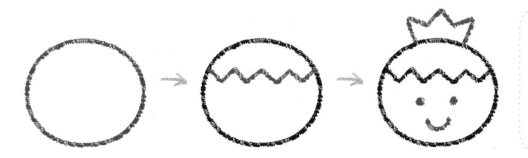

**엄마가
알려 주세요**

왕관을 남자아이 머리 위에 씌
우면 왕자가 되지요.

그려볼까요!

새콤달콤 맛있어요 파인애플

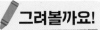

그려볼까요!

그려볼까요!

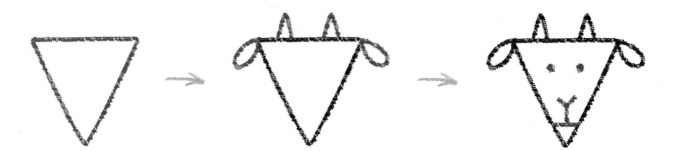

남극 얼음나라에 살아요 펭귄

그려볼까요!

반원을 길게 그리면 펭귄의 몸
통이 된답니다. 펭귄 그리기
참 쉽죠!

나무를 잘 타요 원숭이

그려볼까요!

코가 손이래요 코끼리

그려볼까요!

입 크게 벌리고 앙! 햄버거

 그려볼까요!

축하합니다 생일 케이크

그려볼까요!

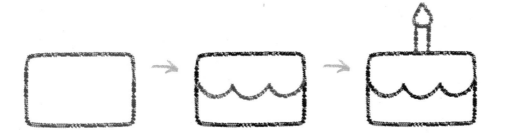

엄마가 알려주세요

아이의 나이에 맞추어 초의 개수를 그리도록 해주어도 좋아요.

 그려볼까요!

작은 물고기를 먹고 살아요 **상어**

그려볼까요!

 →  →  →

그려볼까요!

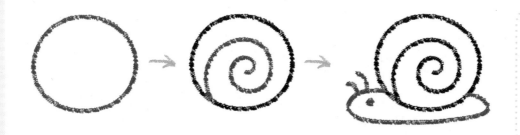

엄마가
알려주세요

달팽이집은 앞에서 그린 막대
사탕과 같이 회오리 모양으로
그려주면 돼요.

그려볼까요!

그려볼까요!

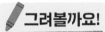
그려볼까요!

그려볼까요!

엄마가
알려주세요

52쪽에서 그린 물고기를 잠수
함 주변에 그려주면 생동감이
넘치는 바닷속 풍경이 돼요.

칙칙폭폭 기찻길을 달려요 기차

✏️ 그려볼까요!

🌸 엄마가 알려주세요

똑같은 모양의 기차 칸을 여러 개 그려서 연결하면 무한대로 길어지는 기차가 탄생합니다.

그려볼까요!

✏️ 그려볼까요!

뽀송뽀송 털옷을 입고 있어요 양

그려볼까요!

엄마가
알려주세요

양의 머리는 구름을 그리듯이
그리면 어렵지 않아요.

꽃처럼 예쁘게 생겼어요 사슴

그려볼까요!

그려볼까요!

엄마가
알려주세요

31쪽에서 그린 구름을 비행기
주위에 그려주면 하늘을 나는
비행기가 돼요.

동그
라미

탈것

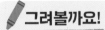

그려볼까요!

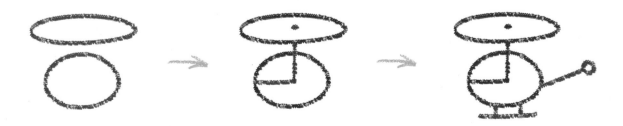

우리를 지켜줘요 경찰관

동그
라미

사람

그려볼까요!

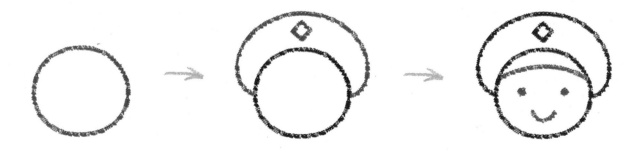

불을 꺼줘요 소방관

반원

사람

🖍그려볼까요!

삐뽀삐뽀 응급 상황 구급차

✏️ 그려볼까요!

엄마가
알려주세요

네모에서 왼쪽 모퉁이가 잘린
형태예요. 아이가 그리기엔 어
려울 수도 있으니 그릴 때 많
이 칭찬하고 격려해주세요.

그려볼까요!

세모

바다
생물

그려볼까요!

동그
라미

곤충

✏️ **그려볼까요!**

143

삐악삐악 노란 병아리

🖍 그려볼까요!

반원

동물

그려볼까요!

엄마가
알려주세요

병아리와 닭을 같이 그리면 귀
여운 가족이 탄생해요. 닭은 크
게, 병아리는 작게 그려주세요.

그려볼까요!

옛날 옛적에 왕이 살던 성

직선
응용

건물

그려볼까요!

엄마가
알려주세요

성 모양이 삐뚤어지지 않게
천천히 그리라고 이야기해주
세요.

헬튼보이의 참쉬운 그리기놀이 개정판

개정판 1쇄 발행 | 2018년 2월 1일
개정판 4쇄 발행 | 2022년 1월 20일

지은이 | 최재광
발행인 | 이종원
발행처 | (주)도서출판 길벗
출판사 등록일 | 1990년 12월 24일
주소 | 서울시 마포구 월드컵로 10길 56(서교동)
대표 전화 | 02)332-0931 | 팩스 · 02)323-0586
홈페이지 | www.gilbut.co.kr | 이메일 · gilbut@gilbut.co.kr

기획 및 책임편집 | 최준란(chran71@gilbut.co.kr) | 디자인 · 황애라 | 제작 · 이준호, 손일순, 이진혁
영업마케팅 · 진창섭, 강요한 | 웹마케팅 · 조승모, 송예슬 | 영업관리 · 김명자, 심선숙, 정경화 | 독자지원 · 윤정아, 홍혜진

교정 · 장도영 프로젝트 | 전산편집 · 예다움
독자기획단 3기 · 김진영, 김철안, 박은숙, 이경하, 조윤희, 한진선
CTP 출력 및 인쇄 · 두경M&P | 제본 · 경문제책

ISBN 979-11-6050-406-4 03590
(길벗 도서번호 050136)

독자의 1초를 아껴주는 정성 길벗출판사
길벗 | IT실용서, IT/일반 수험서, IT전문서, 경제실용서, 취미실용서, 건강실용서, 자녀교육서
더퀘스트 | 인문교양서, 비즈니스서
길벗이지톡 | 어학단행본, 어학수험서
길벗스쿨 | 국어학습서, 수학학습서, 유아학습서, 어학학습서, 어린이교양서, 교과서

〈독자기획단이란〉 실제 아이들을 키우면서 느끼는 엄마들의 목소리를 담고자 엄마들과 공부하고 책도 기
획하는 모임입니다. 엄마들과 함께 고민도 나누고 부모와 아이가 함께 행복해지는 자녀교육서, 자녀 양육과
훈육의 실질적인 지침서를 만들고자 합니다.